消しゴムコレクション

FUNNY ERASER COLLECTION

まゆぷ〜

スモール出版

WELCOME

ようこそ、消しゴムの世界へ！

ところで、あなたは消しゴムが好きですか？
きっと、好きという感情で消しゴムを見ている人は少ないでしょう。
それでは、あなたにとって消しゴムとは何でしょう？
恐らく、文字を消すための道具なのではないでしょうか。
文字を消すごとにすり減っていき、そして消えてなくなるもの……。

でもそんな消しゴムが、面白くて楽しい形をしていたら？
そう、消しゴムには当たり前に消すだけではない、
遊び心がたっぷり詰まった、もう１つの世界が存在するのです。

しかも消しゴムは地球上に膨大な種類があり、
ありとあらゆるものが消しゴムになっている、といっても過言ではありません。

ここでは、そんな楽しい消しゴムたちを紹介していきます。

この本を読み終えたとき、
きっと新たな消しゴムの世界が広がっていることでしょう。

鳩サブレー

INTRODUCTION

はじめに

ページをめくってもめくっても消しゴムばかり。
そう、これは消しゴムが主役の本なのです。

私が所有する２万 3000 点以上ある、
どれもこれもみんな可愛い消しゴムのコレクションの中から
お気に入りの 3000 点以上を選び、テーマごとに分類し、紹介しています。

もちろん、まだまだ載せたい消しゴムも山のようにありますが、
我が家の消しゴムたちの代表ということで
出しきったという達成感もあり、
この本は、30 年間のコレクションの集大成ともいえます。

「昔こんなもの持っていたなあ」とあの頃にタイムスリップしたり、
「これは可愛い！」「この変なネーミングって何⁉」
「こんなものまで消しゴムになっているの‼」などと、
興味を持っていただけましたら幸いです。

それでは、どうぞゆっくりと、楽しい消しゴムの世界をご覧ください。

まゆぷ〜

002 ようこそ、消しゴムの世界へ！
004 はじめに

008 CHAPTER.1 食べ物
野菜／くだもの／おにぎり／缶詰／パン／乳製品／かまぼこ／豆腐・調味料

016 CHAPTER.2 レストラン・食堂
袋麺／カップ麺／ファミレス・中華／定食・おでん／ファストフード／ピザ

024 CHAPTER.3 お弁当
お弁当

026 CHAPTER.4 喫茶店
アイス／カップアイス／冷たいデザート／ケーキ／マカロン／珈琲・紅茶／ドーナツ／和菓子／デコレスイーツ

038 CHAPTER.5 お菓子
クッキー／箱菓子／チョコレート／スナック菓子／お菓子消しゴム／キャンディー／ガムボールマシン／ガム・キャラメル

048 CHAPTER.6 飲み物
缶ジュース／飲料／牛乳

052 CHAPTER.7 住まい
ハウス・ベビー用品／キッチン用品／トイレ・掃除用具／洗濯用品／デンタル／医療品／タバコ／マッチ

060 CHAPTER.8 おしゃれ用品
化粧品／バッグ・小物／Tシャツ／スニーカー／サンダル

066 CHAPTER.9 本・文房具
辞書／漫画・雑誌／文房具／クレパス／学校用品

072 CHAPTER.10 家電
通信機器／パソコン／カメラ／オーディオ／レコード／カセット・CD

CONTENTS もくじ

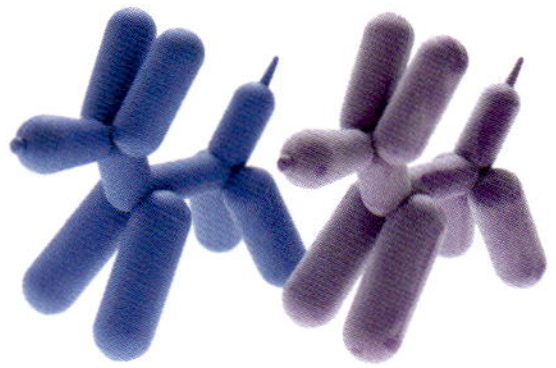

078 CHAPTER.11 宅配便・郵便
宅配便／郵便・銀行

080 CHAPTER.12 年間イベント
ハロウィン／クリスマス

082 CHAPTER.13 動物・植物
動物／動物園／水族館／ペット用品／園芸／石・虫

088 CHAPTER.14 時代
恐竜・化石／ウェスタン

090 CHAPTER.15 乗り物
鉄道／切符／車／タイヤ・工具

094 CHAPTER.16 スポーツ
オリンピック・国旗／野球／スポーツ

098 CHAPTER.17 ゲーム・おもちゃ
ブロック／パズル／ゲーム

102 CHAPTER.18 日本
富士山／ご当地／昔あそび／お祭り／忍者・武器／縁起物／文字

110 CHAPTER.19 ミュージアム
ミュージアム

112 CHAPTER.20 バラエティー
おまけ・ノベルティー／ローラー・鉛筆キャップ消しゴム／まじめ消しゴム

116 CHAPTER.21 消しゴムメーカー
サカモト／イワコー

124 コラム　消しゴムコレクションについて
126 あとがき

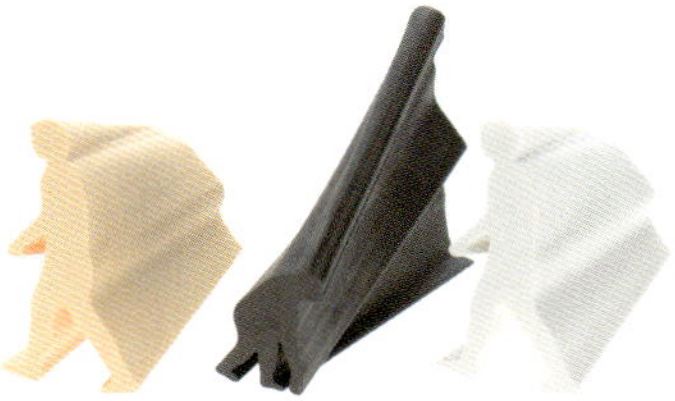

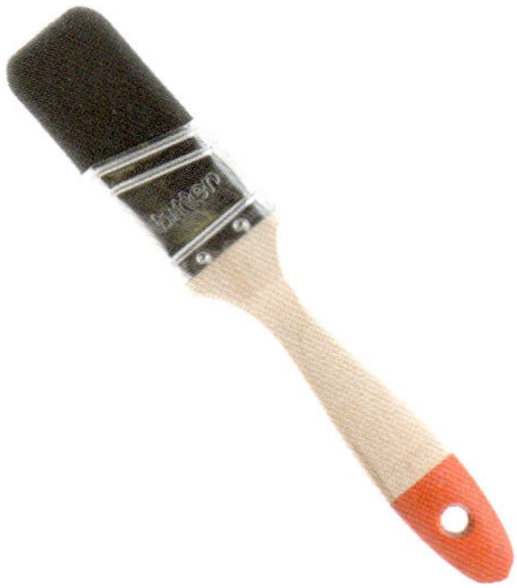

野菜

トップバッターは可愛い野菜たち。カゴに入ったタイプは昔、旅先のお土産屋さんでよく見かけました。ニンニクと大きなポテト消しゴムは非売品。キノコの表情につられて、見ているこちらもニッコリ笑顔に。

くだもの

くだものを輪切りにしたようなダイカット消しゴム。お土産みかんとレモンは、ネットに入っているというこだわりです。カラフルなさくらんぼは消しゴムメーカー・イワコーさんの海外向け商品。パクッと食べたい可愛らしさです。

おにぎり

おにぎりと湯のみセット。こちらは2005年に、浜乙女のおにぎり用の海苔に付いていたおまけです（全4種）。たくあん付きの「こにぎり消しゴム」は、中にちゃんと具が入っているのが驚きです。開封している具はイクラ。開けても楽しめるところがいいですよね。

缶詰

レトロな缶の中にどんな消しゴムが入っているのかしらと思ったら、あらあら、中から可愛らしいカニさんが！　ちなみに、コンビーフには牛さんが入っているんですよ。うずらのたまごやキャンディーのミニミニ消しゴムが入ったものは、私のお気に入り。

パン

焼きたての香ばしい匂いが漂ってきそうなパンがたくさん。ふんわりメロンパンに、いろいろな具がはさまったサンドウィッチ、そしてクリームたっぷりコロネ。5枚切りの食パンには瓶に入ったジャムをつけて、はいどうぞ。でもみんな消しゴムなので食べられません。あしからず。

乳製品

消しゴムということを忘れてしまうくらい、よくできています。雪印メグミルク阿見工場の工場見学のお土産は、6Pチーズの消しゴムです。家族と友人の協力のもと6つ集め、本物のケースに入れたらほら、6Pチーズのできあがり♪　このチーズの輪は、まさに家族愛と友情の輪！

かまぼこ

最近は観光地に行っても、ご当地ならではの消しゴムのお土産品を見つけることが難しくなりました。そんな中、小田原のかまぼこ消しゴムたちは今でもお土産品として売っています。キーホルダータイプや可愛いダイカットのかまぼこセットなど、オススメですよ！

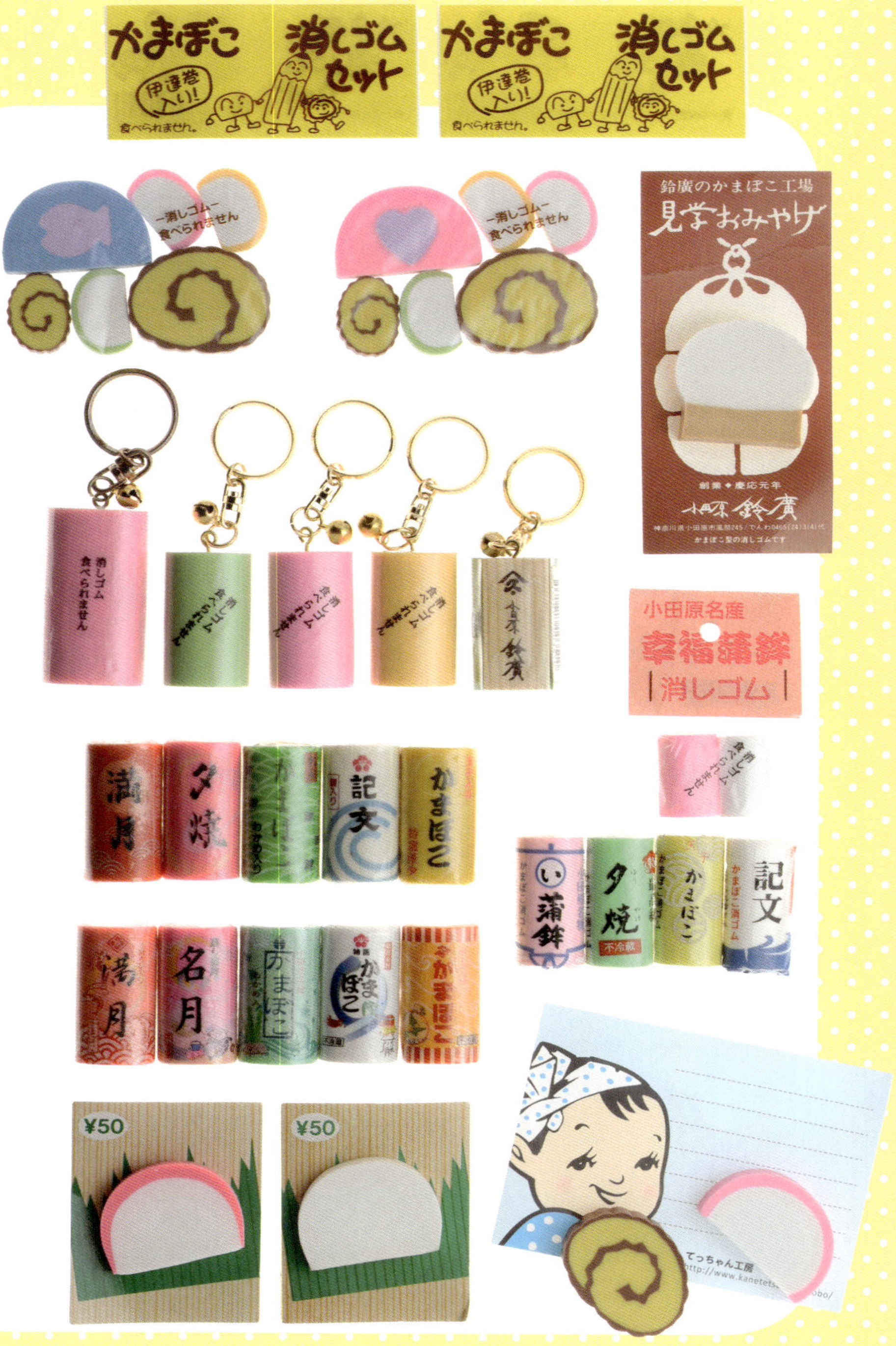

豆腐・調味料

だしいりみそに玉子どうふ。透明のケースに入った白いとうふねりけしは、お水に浮かんだ豆腐そのもの。かなり昔のものなので1つ劣化してしまい、白いねりけしが茶色っぽくなっていますが焼き豆腐ではありませんよ。納豆消しゴムは、リンゴにレモンにコーラの香りですって。なんてさわやかな香りの納豆なのでしょう！　にんべん消しゴムは日本橋本店限定品。もし使うとしたら、消すよりも削ってみたい。

袋麺

袋麺を集めてみました。本物がそのまま小さくなったような袋の中には、丸形や四角形の麺の消しゴムが入っています。中にはジッパーになっているものもあり、開封することに抵抗があるコレクターも開けるのが怖くない！　でもやっぱり、ジッパーじゃないほうがいいなとも思うのです。困った困った。

CHAPTER.2 レストラン・食堂

カップ麺

中に入っている麺と器は消しゴム、蓋だけプラスチックでできています。このシリーズはいろんな種類が出ています。似ているけれどみんな名前がちょっと違う。ハムスター柄のラーメンも可愛いでしょ。

カップ麺

容器がプラスチックで、中には麺の形をした消しゴムが入っています。昔、食べたことのあるラーメンのパッケージもたくさん。なんだか懐かしくて、久しぶりに食べたくなっちゃう。

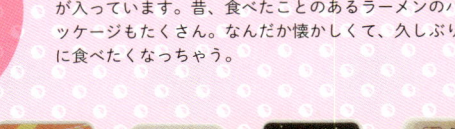

麺類だけで数ページにもなってしまう品揃え。その中でもちょっと変わりダネは、「肉じゃぶじゃぶ」と「肉ごほごほっ」。中身の消しゴムが、よく見ると顔になっています。タケノコやキノコとか入っていて、なんだかよくわからないけど、ちょっと変わっていて面白い。

ファミレス・中華

鉄板からジュージューと音が聞こえてきそうなハンバーグ、トンカツ、ステーキ。ロブスターなんて、まるごと乗っています。中華まんは中身が取りはずせて、それぞれの具の色になっているんですよ。

定食・おでん

お箸やコンロが付いているのは、食玩の「なんちゃっ亭」と「消し茶屋」というシリーズです。アツアツのおでんは、三菱鉛筆さんの非売品のものより小さいタイプのシリーズです。コスモスさんのおでんは、さらに小さい。小さいのにおでんダネに「気分」って刻印がちゃんと入っているところがいい。

ファストフード

トレイに載せられたハンバーガーセット。容器をパカッと開けると、可愛らしいハンバーガーのダイカット消しゴムが登場します。ポテトのMサイズは1本1本取り出せるところが、本物みたいで楽しい。

ピザ

丸い１枚のピザや、６枚にカットされたピザ。とろ～りとろけるチーズが冷めないうちに、箱に入れてお届けしま～す♪　ピザのちょっと変わったネーミングにも注目！

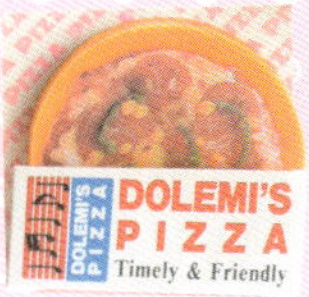

1時間目からこのお弁当を開けても、早弁にはならないのです。だってこれはみんな文房具セット、立派な学用品なんですもの。ご飯のノートに割りばしの鉛筆、おかずは消しゴム、輪ゴムにのり、三角定規まで入っている具だくさんなお弁当なのです。「コニャン子弁当」「お嬢さま弁当」に原宿や軽井沢なんて書いてあって、大人には可愛らしく、子ども心にはちょっと大人っぽく見えちゃいます。

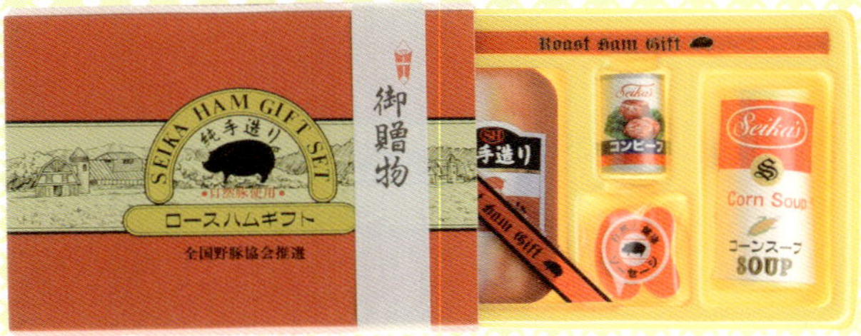

見た瞬間にキュンとなる、カラフルなダイカット消しゴムが詰まったレモン社のお弁当シリーズ。全部で何種類あるのかは不明ですが、色違いも含めるとなかなかの数になっています。こういう可愛らしさって、消しゴムならではですよね♪　可愛い〜！

アイス

サーティワンのアイスクリームは、今から30年近く前の非売品。当時中学生だった私に、サーティワンでアルバイトをしていた部活の大先輩が1つくれたものです。全種類欲しかったけれど、さすがにそれは言えなくてピンク色のを1つもらいました。その後、他の色も入手しましたが、やはりその思い出のピンク色が一番のお気に入りです。

アイス

どっしりとした作りのアイス消しゴム。カラフルな色合いがポップで可愛らしいでしょ？　一口かじったアイスは一体誰が食べたんだろう？　と想像して、くすっと笑ってしまいます。

カップアイス

昔懐かしいパッケージのカップアイス。プラスチック容器の中には、白くて平べったい丸い消しゴムが入っています。袋にはランダムに1個入っていて、大箱には40個+5個も入っているようです。数年かけて集めて、現在43種類。あれ？　2つ足りない……。でも大箱の中身には重複も多く、一体全部で何種類あるのかは不明なんです。それにしてもこのレトロさが素敵！

冷たいデザート

ゼリーやプリンの容器に消しゴムが入っているものや、カップの上に盛りつけられているものなど、どちらもツルンと取りだして食べたくなっちゃいます。パフェも、カラフルな容器に生クリームやプリン、アイスが載っていて美味しそう♪

ケーキ

美味しそうなケーキの消しゴムをアシストしているパッケージの工夫が、何ともいえない魅力の1つ。透明のケースに入っているケーキはケーキのショーウィンドウを思い出し、箱に入っているものはお土産で買ってきてもらったケーキを思い出す。お誕生日ケーキにはロウソクのご用意も忘れずにね。

コレクターにも人気だったメーカー、「夢のあるゼンシンショウジ」さん。残念ながら今はないメーカーですが、名前の通りずっと夢を与えてくれている消しゴムです。すべては載せきれませんでしたが、1つ1つがまさに夢のある消しゴムたちで、今もなお人気があります。

マカロン

本物のマカロンが可愛いのだから、消しゴムにしたらもっともっと可愛いよね♪
イワコーさんのキャンペーン限定カラー７色に、伊東屋さんオリジナルの箱入りのもの、さらにいろんなメーカーさんのマカロンです。カラフルなマカロンそのものの可愛さがそれぞれ表現されていて、とてもお気に入りです。

珈琲・紅茶

消しゴムでお茶会。想像できる？　巨大なコーヒー豆、ねりけしのポーションミルク。ニコニコ顔の角砂糖に、ティーバッグまで。消しゴムに囲まれて、午後のひとときをゆったりと楽しみましょう。

ドーナツ

くるりんとした丸いドーナツや、懐かしのプレーンクルーラー。お持ち帰り用の箱もとっても可愛い！ミスタードーナツの消しゴムは、ずっしりとした作りですね。最近はいろんなメーカーのドーナツが販売されているので、可愛い消しゴムのおまけをぜひ作ってほしいな。

和菓子

洋菓子とはまた違った可愛らしさのある和菓子。たっぷり入ったあんこがちょこっと顔を出しているところが可愛いたい焼き。優しいピンクの色合いの桜餅。日本茶にぴったり合いそうなお団子。物静かでしっとりとした雰囲気が消しゴムになっても伝わってきます。そしてあんみつが大好きな優しい母を思い出します。

デコレスイーツ

2007年発売の「デリシャスパーティーケーキセット」と「プリシャスパフェセット」。自分で好きなように組み立てて、デコレーションできるようになっています。ずっと未開封でとっておいたものを、今回開封して組み立ててみました。実際に組み立ててみると、やはり遊ぶために作られたものなんだという実感がわきます。パティシエになった気分です。

デコレスイーツ

こちらも2007年に発売された、しろうさ・おすすめ12種類、くろうさ・おすすめ12種類、季節のおすすめ6種類、デコレスイーツのプリシャスセット5種類です。お皿が付いていて、とても可愛らしいシリーズです。この商品が出たときは、コレクター仲間と大はしゃぎ！　次々出てくる新作に、よく情報交換をしたものです。またこういう消しゴムを発売してほしいな。

クッキー

見てみて！　このクッキーたち。源氏パイも赤いジャムもチョコチップクッキーも、みんな消しゴムなんだから驚きです。本物のクッキー缶に入れたら……キャ～！　想像が膨らんで、お腹はいっぱいにならないけど胸はいっぱいになっちゃう！

箱菓子

箱に入っているということはコレクターのツボの1つ。子どもの頃、「ネコふんじゃった」の箱を開けてみると、四角い消しゴムではなくて、ネコ形の消しゴムが2つ入っていました。箱を開けた瞬間に「うわぁ！」と言葉にできないときめく気持ち。やっぱりいいなぁ〜。ただの四角じゃないってところが本物みたいで、うれしくなっちゃうのです。

チョコレート

どっしりとした板チョコ消しゴムのパッケージには、「まじめ消しゴム」で有名なTOMBOWの文字が。トリュフチョコは、1つつまんでお口にパクッとしそうになり、もはや消しゴムということを忘れてしまいます。

チョコレート

昔懐かしいペロティのようなチョコ。棒はプラスチックで、丸いチョコの部分が消しゴムです。これまた懐かしいアーモンドチョコは、中にアーモンドチョコそのままの形の消しゴムが入っています。キットカットはお菓子と鉛筆と消しゴムのセットで、受験シーズンに発売していたものです。きっと勝つ。げん担ぎにもピッタリです。

スナック菓子

スナック菓子のネーミングにはもう参った！「ポテトヒップスしり型」に「オレマッチョ」。このセンスがたまらない。さらにあの有名チョコは「木村」に「小技」！　これには気がつかなくて、コレクター仲間に教えてもらったときはびっくり。すっかり見逃していました。サカモトさんの「じゃがりこ」はキリンさんの顔が飛び出ていて、なんだか面白い。

お菓子消しゴム

ヒノデワシさんの長方形の香り付きの消しゴム。キウイの透明な緑と黒いツブツブ。このキウイこそが私のファーストコレクションなのです。今では香りは飛んでしまったけれど、10歳の頃に嗅いだあの香りは忘れられません。ただの四角じゃない、シンプルだけど想像をかきたてられる消しゴム。今ではこのレトロさが人気になっていて、下の「かおりちゃんシリーズ」を中心に集めているコレクターさんがいるほどなんです。

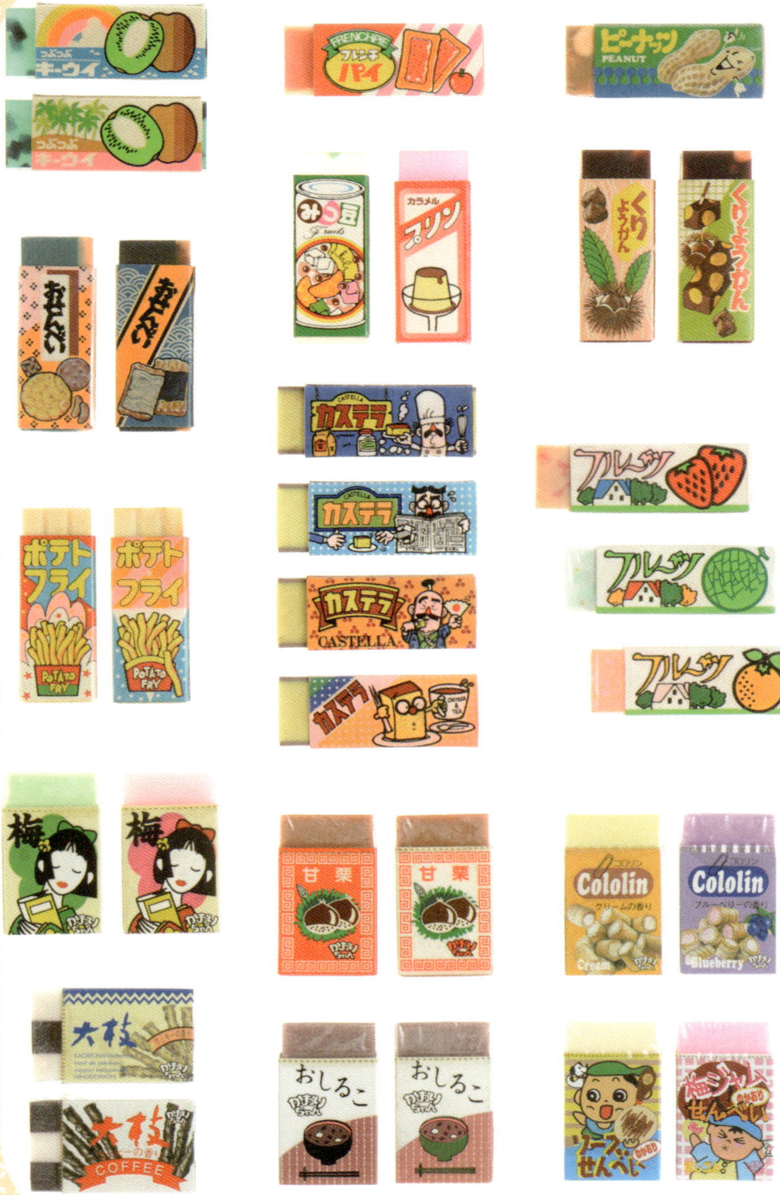

お菓子
CHAPTER.5

キャンディー

どれもこれも見たことのあるようなキャンディー。本物みたいに紙に包まれていて、透明感も飴らしさを際立たせています。それでいて、とってもキュート。キャンディーポットに入れて、ずっと眺めていたくなります。

キャンディー

子どもの頃、クルクルキャンディーが大好きでした。なかなか買ってもらえなかったけど……。自分の顔くらい大きくて、カラフルな色が魅力的だったなあ。さすがに大人になってからは、あまり食べたいと思わなくなったけれど、でもこのクルクルキャンディーの形の消しゴムを見ると、つい欲しくなるのです。

ガムボールマシン

カラフルな丸形の消しゴムが入ったガムボールマシン。ハンドルをくるりと回せば、コロンと1つ出てきます。楽しくって、ついついたくさん回しちゃう。

ガム・キャラメル

1枚ずつ取り出せるガムは、質感も本物みたい。さらに「XYLISH」は、ツブツブな感じがたまらない！　本物そっくりのキャラメル消しゴムは開けてびっくり。1粒1粒が紙に包まれていて、大きさもそっくりです。見た目だけではなく、本物みたいなやわらかさのある感触は、消しゴムならではの良さです。

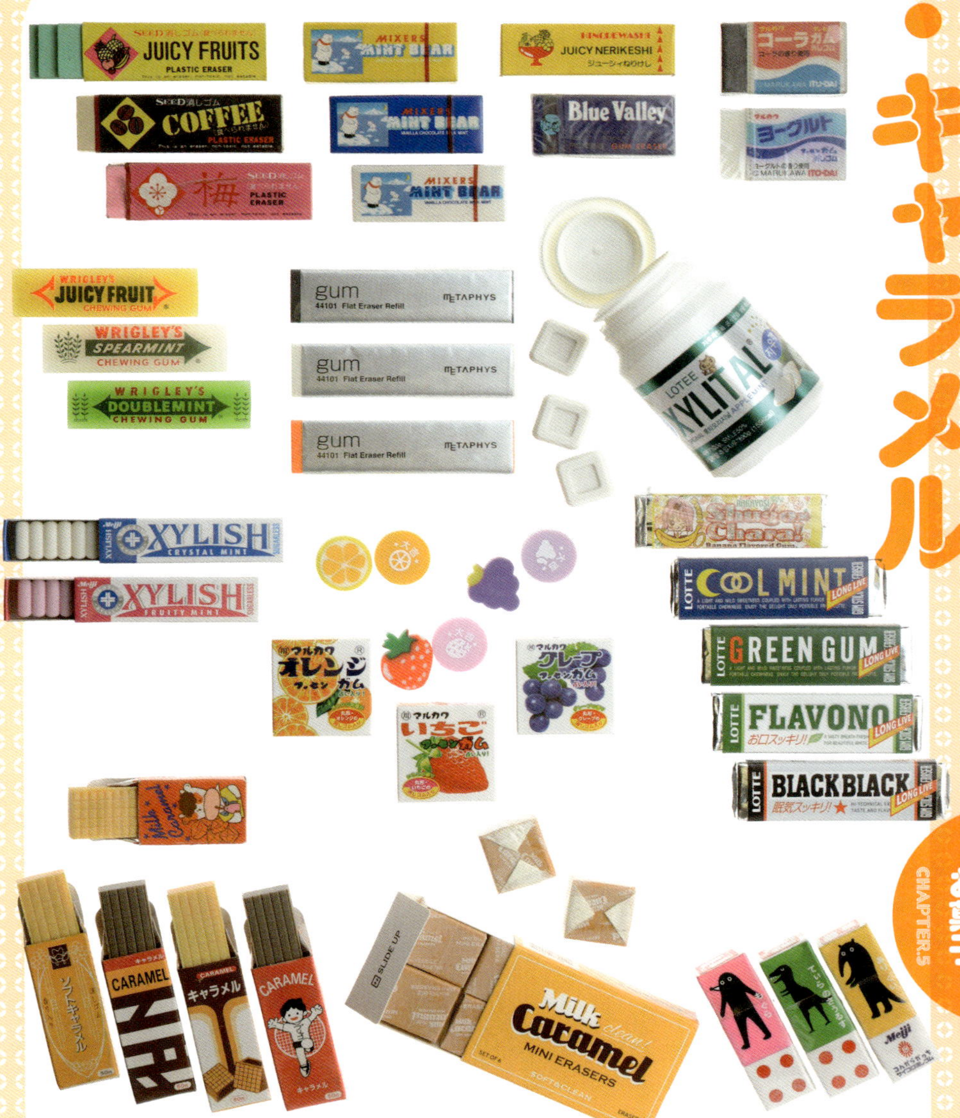

缶ジュース

ずらりと並んだ缶ジュース消しゴムたちのパロディーなネーミングは最高！　でもたまに販促品の本物もあるんです。こういうのが大好きだし、まだまだいろんな種類があるんだから、やっぱり消しゴムを集めるのはやめられない。

とくにツボなのはコーヒーの「BOSAN」。いつ見てもクスッと笑って、幸せな気持ちに。
レインボー缶まで作っているのだから、作り手もたぶんお気に入りなのかもしれませんね。

飲料

こちらはいろんな形をした飲料消しゴム。自動販売機やウォーターサーバーまで。コーラの瓶もよくできていてお気に入りです。さて、今夜は日本酒で1杯楽しみますか？　疲れた日には、スタミナドリンクもありますよ。

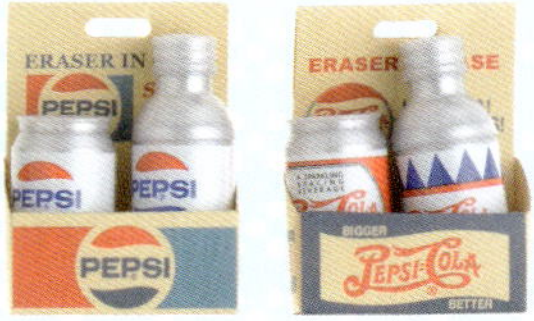

CHAPTER.6 飲み物

牛乳

工場見学のお土産などで手に入れた、いろんな牛乳の消しゴムたち。まだまだ知らない牛乳メーカーの消しゴムがあるかもしれないので、集めるのが楽しみです。懐かしいCMのキャッチコピーも、消しゴムになっています。

ハウス・ベビー用品

こういう可愛いお家に住んでみたいな。小さなイスとテーブル、のんびりソファでテレビを観ながらくつろいで。ずっと住んでいたいから、消しちゃダメよ。可愛らしい積み木の消しゴムや、なんとおしゃぶりまで消しゴムにしちゃうなんて。見てるだけで、いろんな想像を膨らませてしまいます。

キッチン用品

こんなカラフルでキュートなキッチン用品に囲まれていたい。冷蔵庫の箱の中からはリンゴとお魚が。フライパンにはおいしそうな目玉焼きにオムライス。クレラップは非売品で、中に白い消しゴムが入っています。箱から取り出したホイルとラップは、シンプルながらこの完成度！　続編があるならば、クッキングシートをお願いしたいです（笑）。

住まい
CHAPTER.7

トイレ・掃除用具

消しゴムはキレイ好き。だって書いたものをキレイに消すのだから。それは掃除用具の形になってみたくもなるわよね。ほうきにちりとり、さらには掃除機にだって。でも自分の姿をウンチにして、自ら消し去るなんて。キレイ好きにもほどがあるわよ。

CHAPTER.7 住まい

洗濯用品

キレイにするために使われて消えていく人生は、消しゴムも石鹸も同じ。「昔懐かしい紙セッケン」って名前だけれど、本当に懐かしい。小さい頃つい買ってみたけれど、どう使っていいのかわからなかった。洗剤のパッケージはとてもおしゃれで、可愛らしいTシャツが入っているものも。粉が出てきたときはびっくりして、子どもの頃に必死に粉をまいて指でこすって、それが自分でもなんだかおかしくて、使っているときはいつもニヤニヤしちゃった。

デンタル

さて、今日はどの歯磨き粉を使おうかな。チューブの形をしたいろいろな消しゴム。巨人の抜きたてのような大きな白い歯に、サメの絵柄のおしゃれな歯。可愛い顔が書いてある歯まである。歯の形って可愛いね。さぁすみずみまで、キレイに磨きましょう。

医療品

いろんな医療品などが消しゴムになってます。「透明人間用」の包帯消しゴムには、「よく消えます」の文字が。点滴まで消しゴムになってるし、レトロなパッケージの四角い消しゴムもステキでしょ？　いつもは苦手な注射器も、消しゴムだったらお気に入り。

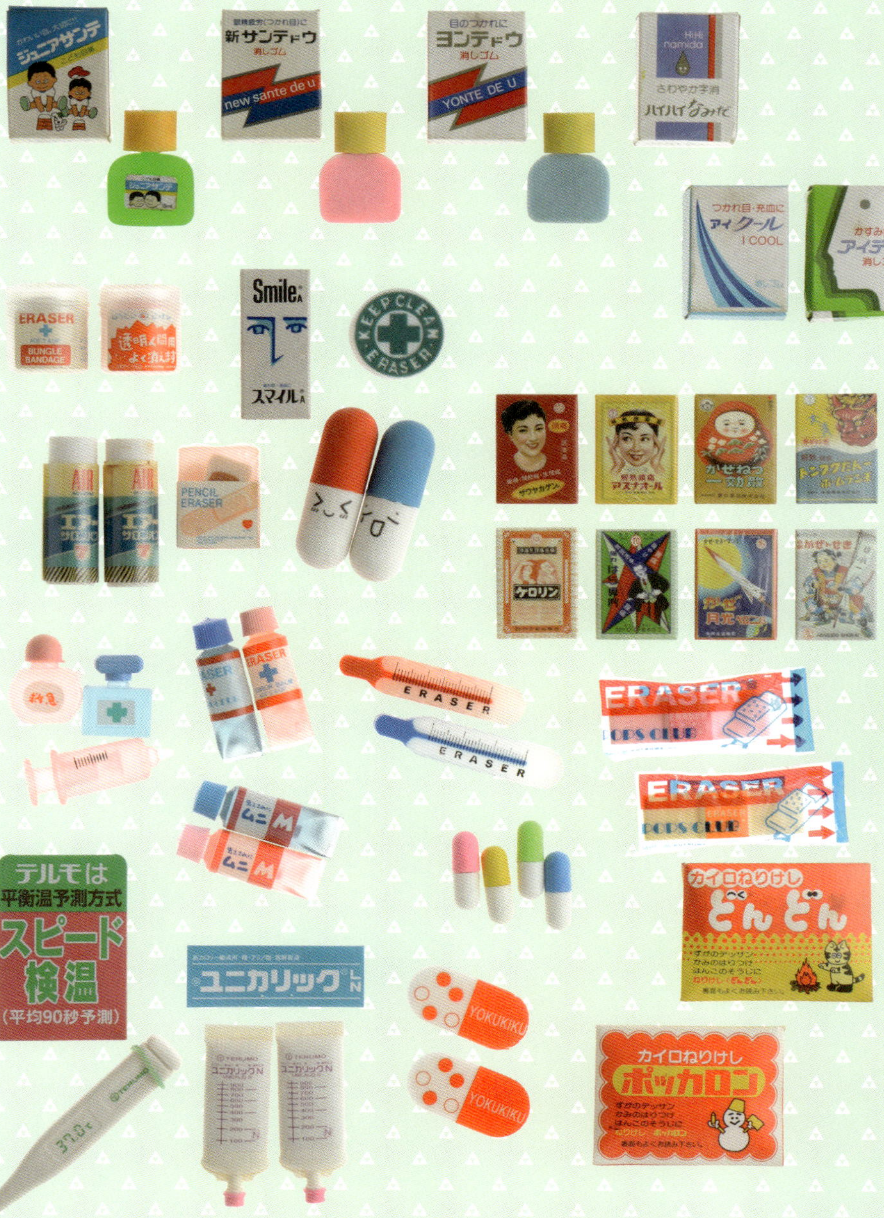

タバコ

箱を開けるとタバコ柄の紙に包まれた消しゴムが入ってます。「セブンシスターズ」に「イレブンスターズ」。よく見ないと気がつかない。そういうところが、消しゴムの楽しみの1つです。

マッチ

シュッとこすって火をつけるマッチは、こすったら消えちゃう消しゴムです。レトロなデザインの箱に入ったカラフルなマッチ。棒の部分が鉛筆になっているものやプラスチックでできているもの、マッチ全体が消しゴムやねりけしでできているものなど、いろいろです。

化粧品

おしゃれも身だしなみも消しゴムから？　可愛いギャルのパッケージの唇消しゴム。香水にアイシャドウにパフまで。リップ形の消しゴムは、クルクル回すと出てくるところが本物と一緒です。

バッグ・小物

海外から個人輸入したバッグの消しゴムは、海外らしいカラフルな色合いです。帽子も靴も消しゴムでおしゃれして、指輪をつけたら、パーティーに出かけましょう。

Tシャツ

ついつい、いろんな柄を集めたくなっちゃう。ずらりと並べてお店屋さんごっこ。ハンガーにかかったものと、ケースに入ったもの。どれも可愛いでしょ。

晴れた日は、洋服も靴下もお気に入りのぬいぐるみもお洗濯。お天気消しゴムはマグネットになっています。可愛いパステルカラーの消しゴムを見ていると、気分もぽっかぽか。

スニーカー

この精巧さにはびっくり！　靴底までもしっかりリアルに表現しています。コンバースのシリーズは第1弾が6種類。第2弾では定番カラーの白、黒、赤はそのままに、パステルカラーのピンク、黄色、水色の3色が新色で登場しました。カラーバリエーションもうれしい♪　ずらりと並べて飾ったらカッコいい！

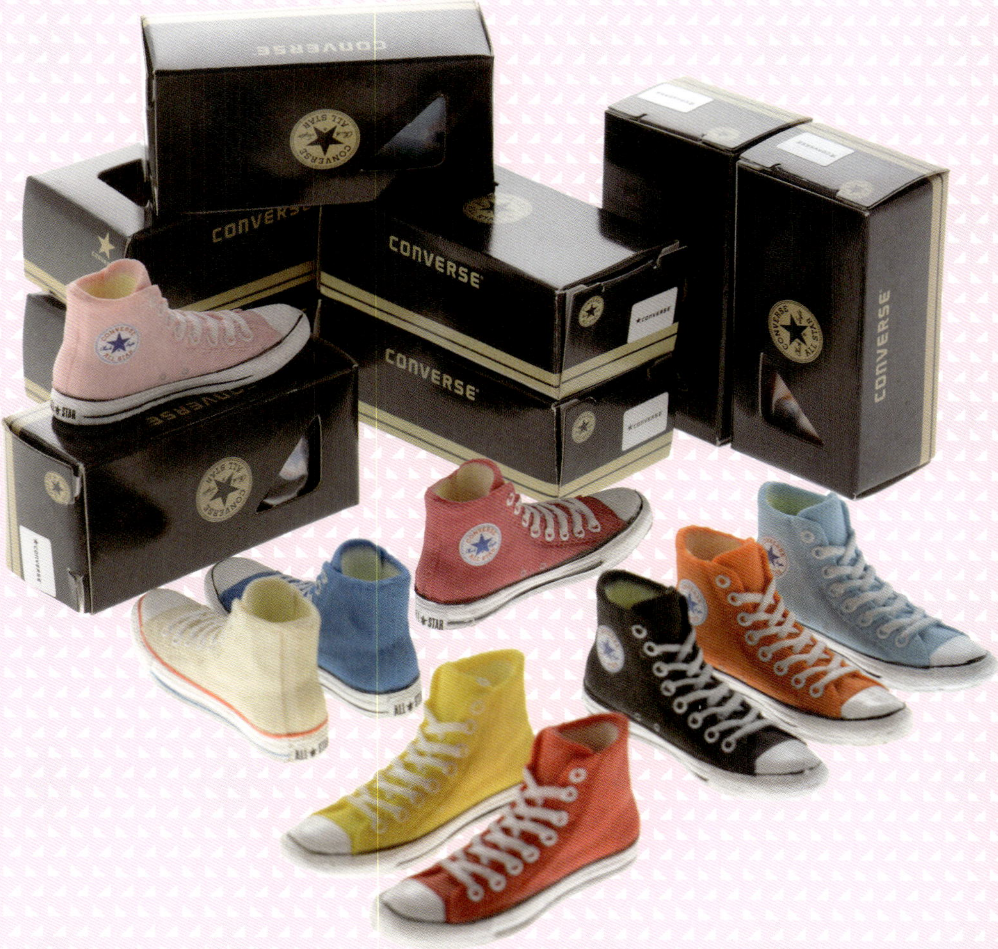

サンダル

夏のビーチに似合いそうなサンダル。鼻緒はプラスチックでできていて、それ以外が消しゴムです。消しゴムだから暑さは苦手だけど、ちょっと砂浜に置いてみたくなります。

辞書

辞書がそのまま小さくなった、ケース入りの本形消しゴム。国語辞典はもちろんのこと、ことわざ、古語、さらにはフランス語にドイツ語まで。消しゴムはとても勉強家なのです。

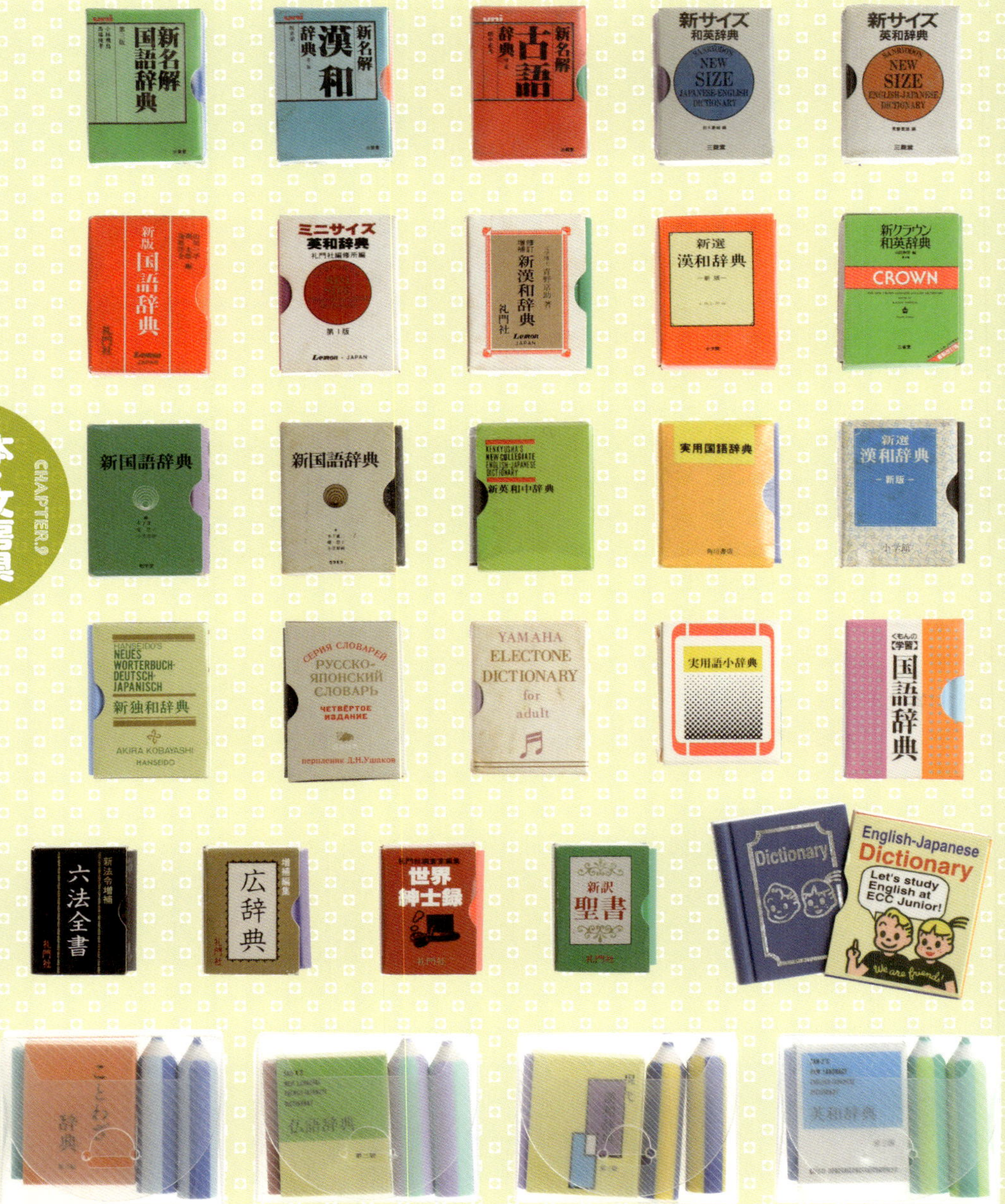

漫画・雑誌

有名な漫画や雑誌がずらり。でもよく見ると名前がちょっと違います。「am・am」に「クライデー」。「年刊キャンプ」の表紙を見ると「DAIKON BALL」に「北斗のケンケンパ」……。どんなお話なのか気になっちゃう。

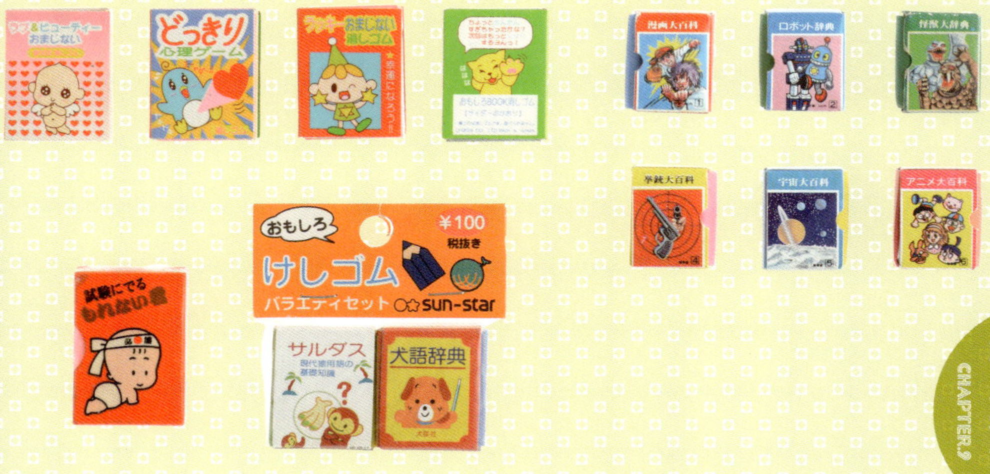

文房具

この文房具たちは全部消しゴム。消しゴムも文房具なのに、他の文房具たちも消しゴムにしちゃうなんてね。磁石の形の消しゴムは、棒の部分が砂消しでできているところに、作り手のこだわりを感じます。

クレパス

サークルKサンクス限定で赤・青・黄色の3本がケースに入った「サクラクレパス消しゴム」が発売されて以来、単色12色、さらに単色6色といろいろなカラーが発売されました。本物を買ってきて、消しゴムとクレパスを入れ替えて楽しんでいましたが、ついに消しゴム専用のケース付きが発売されたときにはガッツポーズ！　レアカラーのさくらいろは、サクラクレパス柄のものと絵の具に付いていたオマケです。

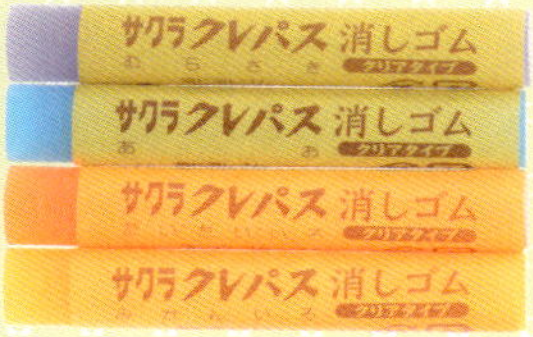

学校用品

可愛いだけじゃない！　ランドセルは蓋が開くし、ハサミは動きます。鉛筆削りは削りカスケースが取り出せる。縦笛は小さいのにとても精巧にできていて、吹けば笛の音が聞こえてきそう。たぶんメーカーさんは、入学準備をしている親御さんのような気持ちになって作っているのかもしれませんね。さぁ、学校に行く準備はできたよ！　大切に使ってね。

ノートだって消しゴムでできているんです。各教科そろってますよ。でもこれじゃあ、書いても消されちゃう？　本物そっくりのマジック消しゴムは香り付きではないけれど、なぜか懐かしいインクの香りも一緒に思い出すのです。

通信機器

ポケベルにパカパカケータイ。そんな言葉も、今では遠い記憶の彼方に。玄関横の黒電話で、寒い冬の日でも毛布を頭からかぶって友人と長電話した学生時代。そんな懐かしい記憶も目新しいiPadも、消しゴムはいろんな想いを消すどころか、1つ1つ形にして残してくれています。

パソコン

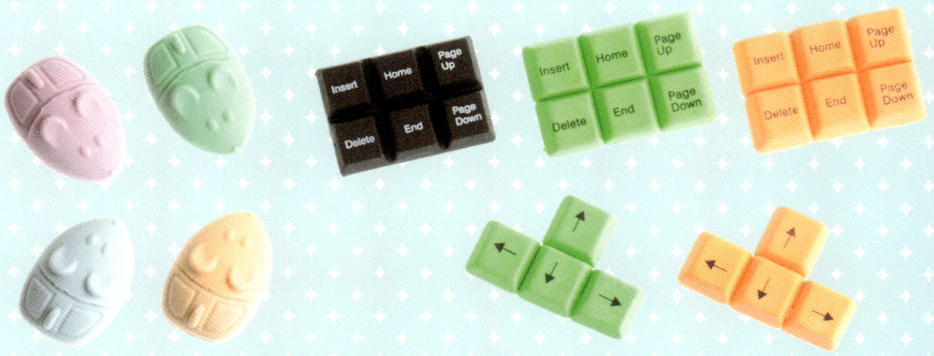

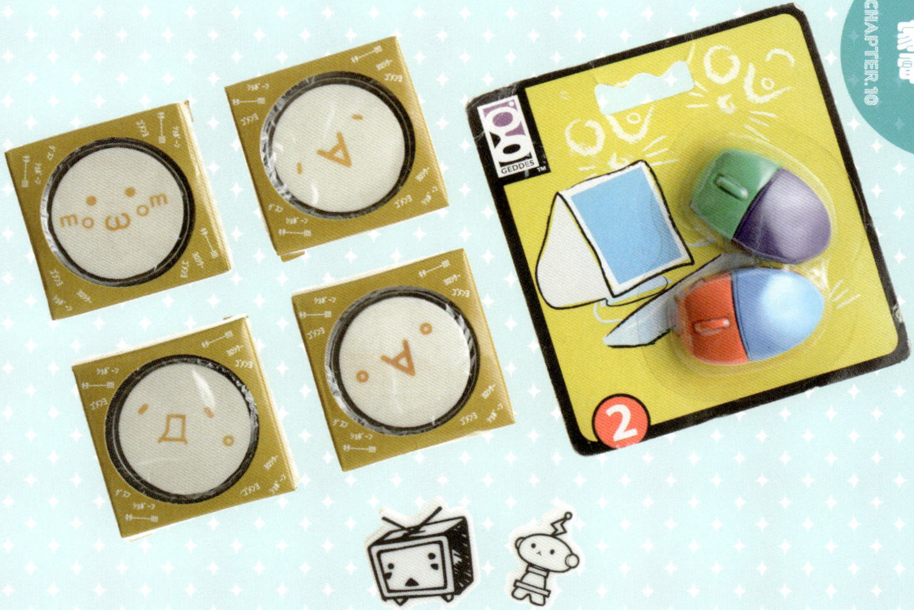

DELETEの文字の消しゴムはプレゼントでいただいたものです。何が入っているのかわからず、袋を開けたら中からこの文字が！　なんとも言えぬメッセージ性に衝撃を受けました。そして可愛らしいマウスのマウス。顔文字も消しゴムにするとは、昔から時代の流れに遅れることなく、1つ1つを表現しているのよね。これだから消しゴムってたまらない！

カメラ

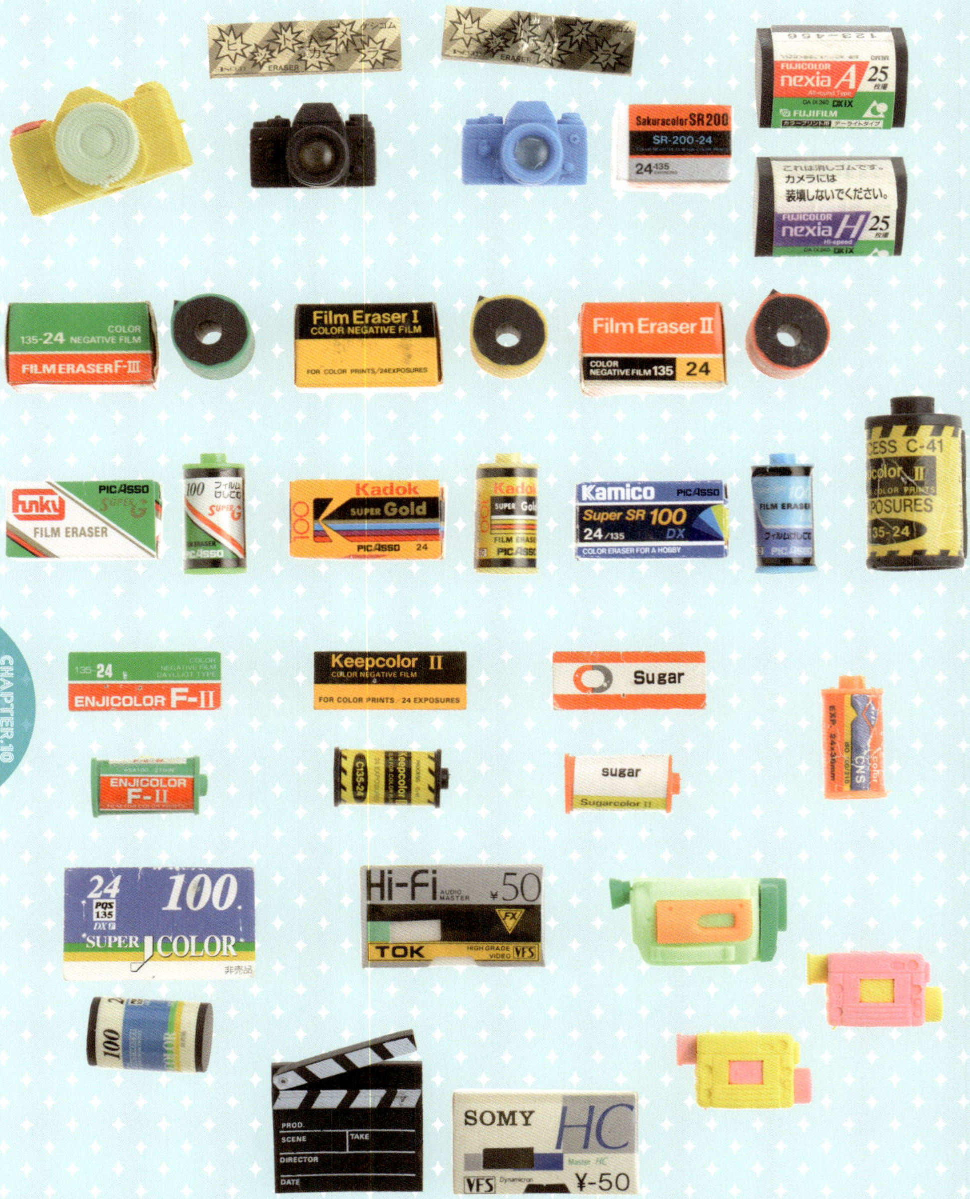

今ではもうほとんど見かけなくなった、箱に入ったフィルムが懐かしい。でもこういう形は、今でも可愛く思えてしまうのです。ビデオテープもフィルムと同じくキュート。消しゴムはしっかりと、時代を形にして残しているのです。

オーディオ

子どもの頃、まだ家にビデオデッキがない時代。アニメの最終回をラジカセで録音したことがあります。静かにしていようとしても、弟とつい笑ってしまう。このラジカセ消しゴムを見ると、いつもそのときの記憶が浮かんでくるのです。

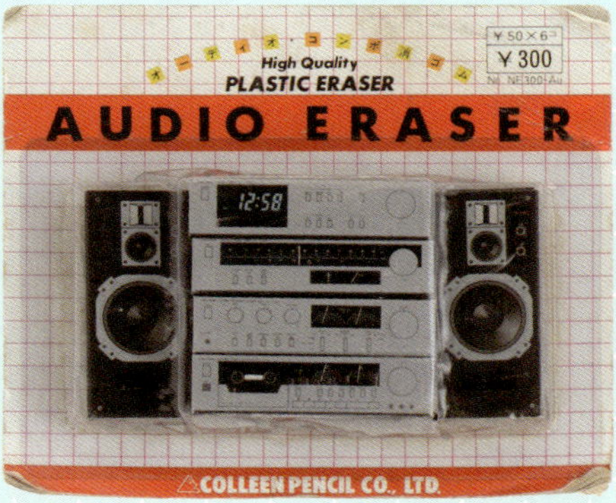

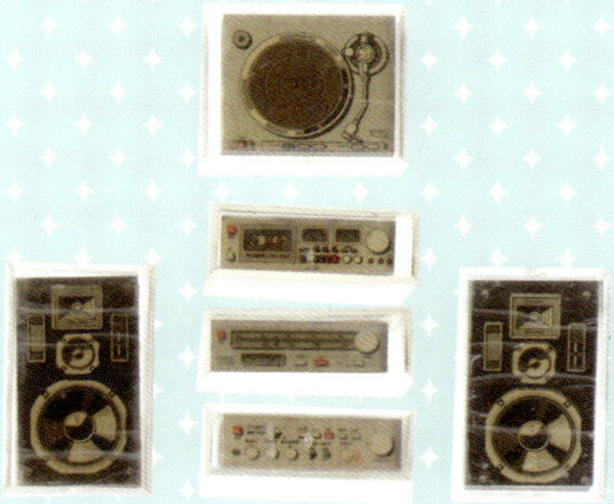

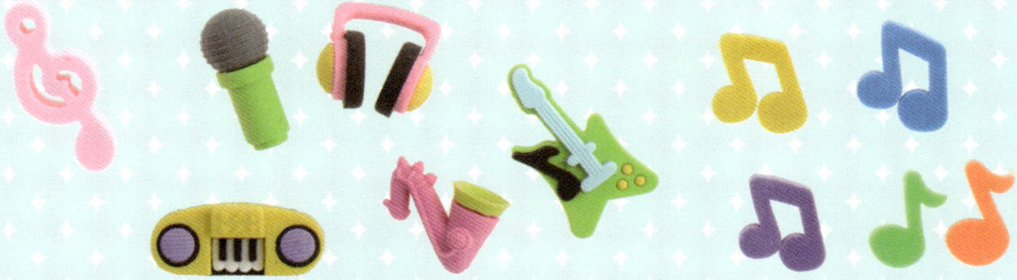

レコード

大きなレコード消しゴム。まわりだけが消しゴムだけど、消しゴムコレクターではなく音楽好きの方も目をひくおしゃれさです。

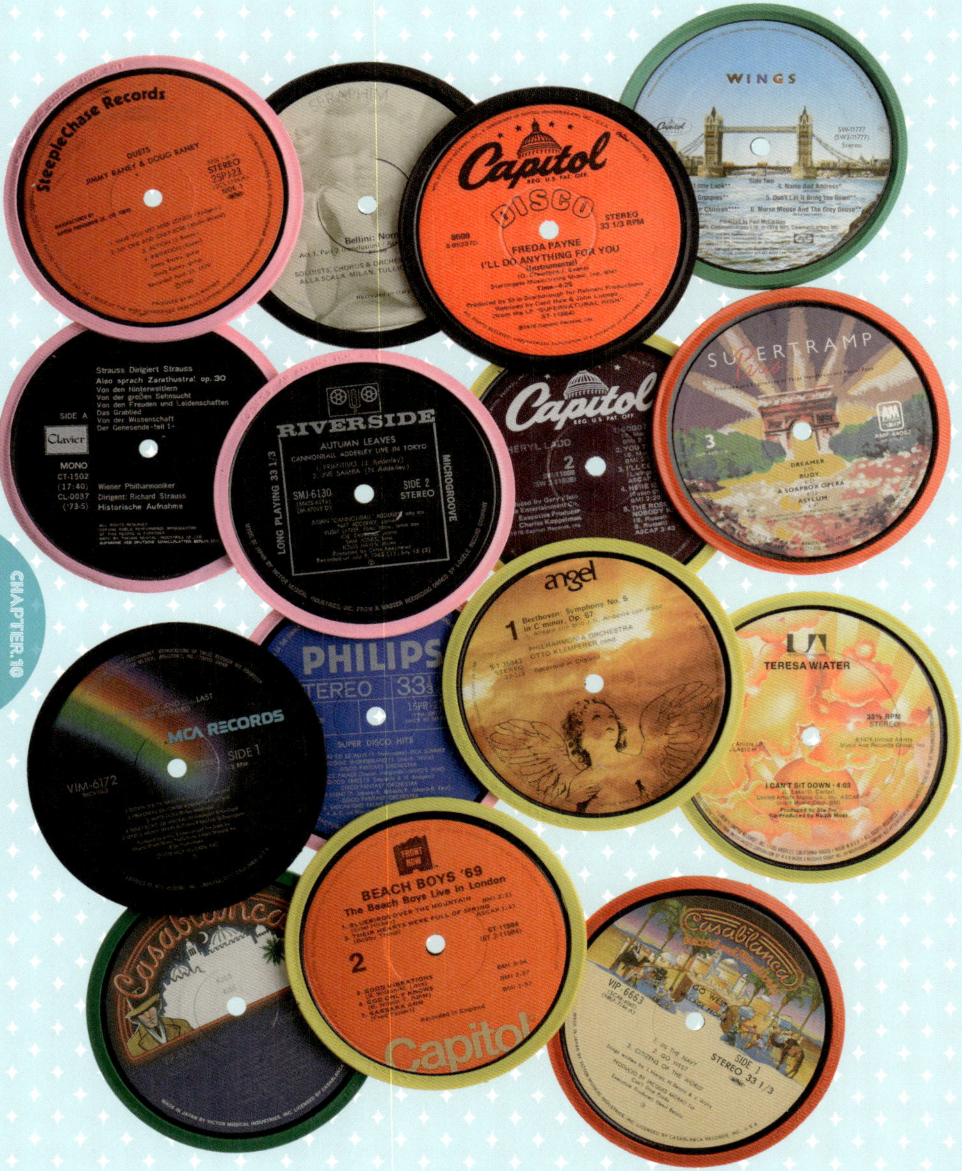

カセット・CD

「モウチョウかもしれない」「おさしみにさよなら」、さて本当の曲名は？　あまりに面白すぎるネーミングというか、こだわりすぎてどの曲をパロディーしたのかがわからないくらい、かなり難易度高めです。それとは対照的に、あれ？　これ非売品だっけ？　と思ってしまうくらいシンプルなデザインのカセット消しゴムには、よく見ると消しゴムメーカー名があります。

宅配便

宅配で〜すと運ばれてきた箱の中身は、野菜や果物の形をした消しゴムたち。「愛の宅配便」にはハートの消しゴムを入れて、大好きな人にお届けです。

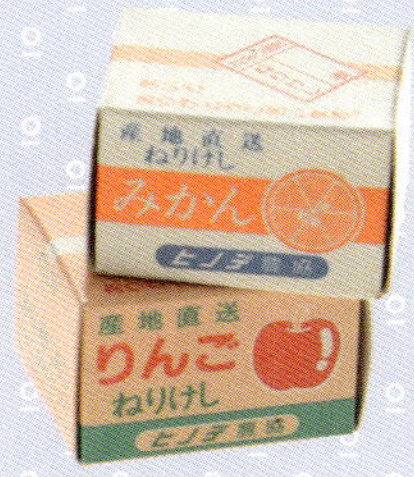

郵便・銀行

小包から出てきた文字消しゴムを並べてみると「LOVE♡」と「HAPPY♡」のメッセージ。こんなに可愛らしいお手紙が届いたらうれしいな。歌だと黒やぎさんは読まずに食べちゃったけれど、このお手紙は消さずに読んでくださいね。

ハロウィン

怖〜いおばけカボチャやモンスターも、ハロウィンカラーの消しゴムになれば、
なんだか憎めず、愛嬌たっぷりに見えてくるのです。

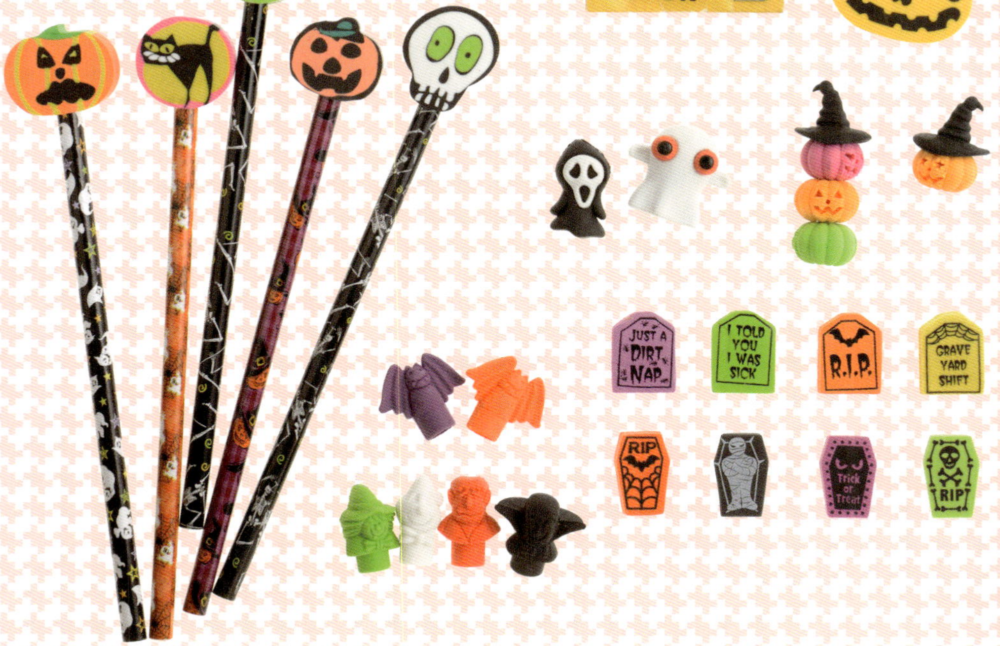

クリスマス

さぁ、消しゴムのチキンにケーキをご用意しました。ジンジャーマンも楽しく踊り出し、サンタさんがソリに乗ってやってきたよ。クリスマスプレゼントは消しゴムにしてね♪

動物

可愛らしい動物たちは、みんなイワコーさんの製品。この動物消しゴムをきっかけに、消しゴムコレクションをはじめた人も多いのでは？　そしてこれらは、海外の消しゴムコレクターさんたちにも大人気。海外カラーの動物消しゴムを、逆輸入して集めている国内のコレクターさんもいるくらいです。

動物系

この存在感！　おしよせてくる動物の大群は、何ともいえない奇妙な色合いです。この中ではカバが好き。あ、ゴリラも可愛いな。決して多くはないラインナップに、バクをもってきているあたりも気になります。

水族館

水族館を訪れて楽しんだあとには、必ずお土産コーナーをチェック。右上の四角い「くじら図鑑」や「ペンギン図鑑」、さらにはミニミニ消しゴムが入った「マリンけしごむコレクション」などは、友人たちからのお土産です。いつもお土産に消しゴムを探してくれる友人たちに感謝！

ペット用品

可愛いネコちゃんやワンちゃんだけでなく、ペットフードの消しゴムだってあるんですよ。カリカリのフードに缶詰まで。アルパカちゃんもこちらをじーっと見つめてます。この表情が何ともいえず可愛くて、クスッと笑っちゃう。

園芸

ブロックやバケツにスコップ。さて今日はどんなお花を植えようかしら？　消しゴムになったお花たちは、本物と同じように色鮮やかに咲いて、見る人を癒してくれます。でも最後には使われてはかなく散っていくのです。

石・虫

このページは石と虫の消しゴム！　少し劣化してしまったグレーの消しゴムは、道端にある石よりも石らしく感じます。カブトムシとクワガタは、机の上に何気なく置いてあったらびっくりしちゃう。カブトムシを捕まえたよって、自慢しちゃうかも。

恐竜・化石

子どもたちに大人気の恐竜消しゴム。1段目の5色の恐竜は、東急ハンズのイベント限定カラーです。近くで見ると、小さいのに恐竜の迫力を感じてしまう精巧な作りになっていて、可愛らしさと力強さを併せもった消しゴムです。化石消しゴムは、消したら化石を発掘している気分になります。そして一度は食べてみたい、あのお肉も消しゴムに！

ウェスタン

カラフルなサボテンにカッコいいピストル。ダイナマイトと爆弾は、私のお気に入りです。そしてユニークなヒゲをつけた男たちも登場です。

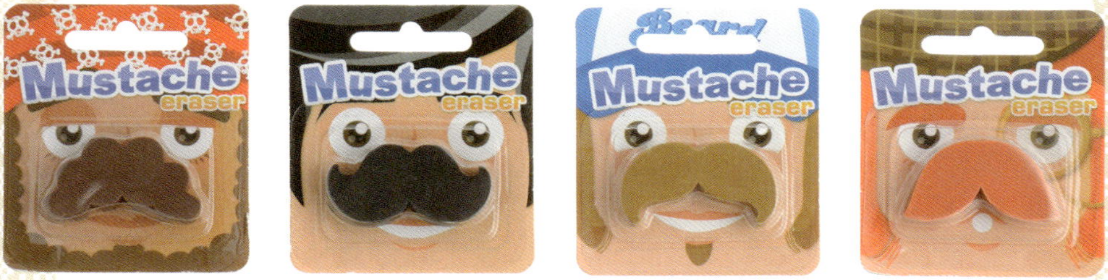

鉄道

シンプルな金太郎飴のような四角い作りですが、コレクター心がくすぐられる各沿線の鉄道消しゴム。正面から見ると鉄道がお顔のようで何だか可愛い。ほとんどはネットショップや友人の協力で集めたものですが、鹿島臨海鉄道の大洗駅までこの消しゴムを買うために出かけたこともありました。これからもいろんな鉄道が消しゴムになるといいな。

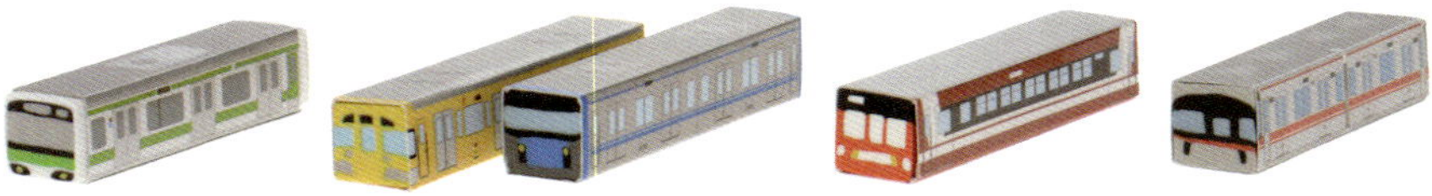

切符

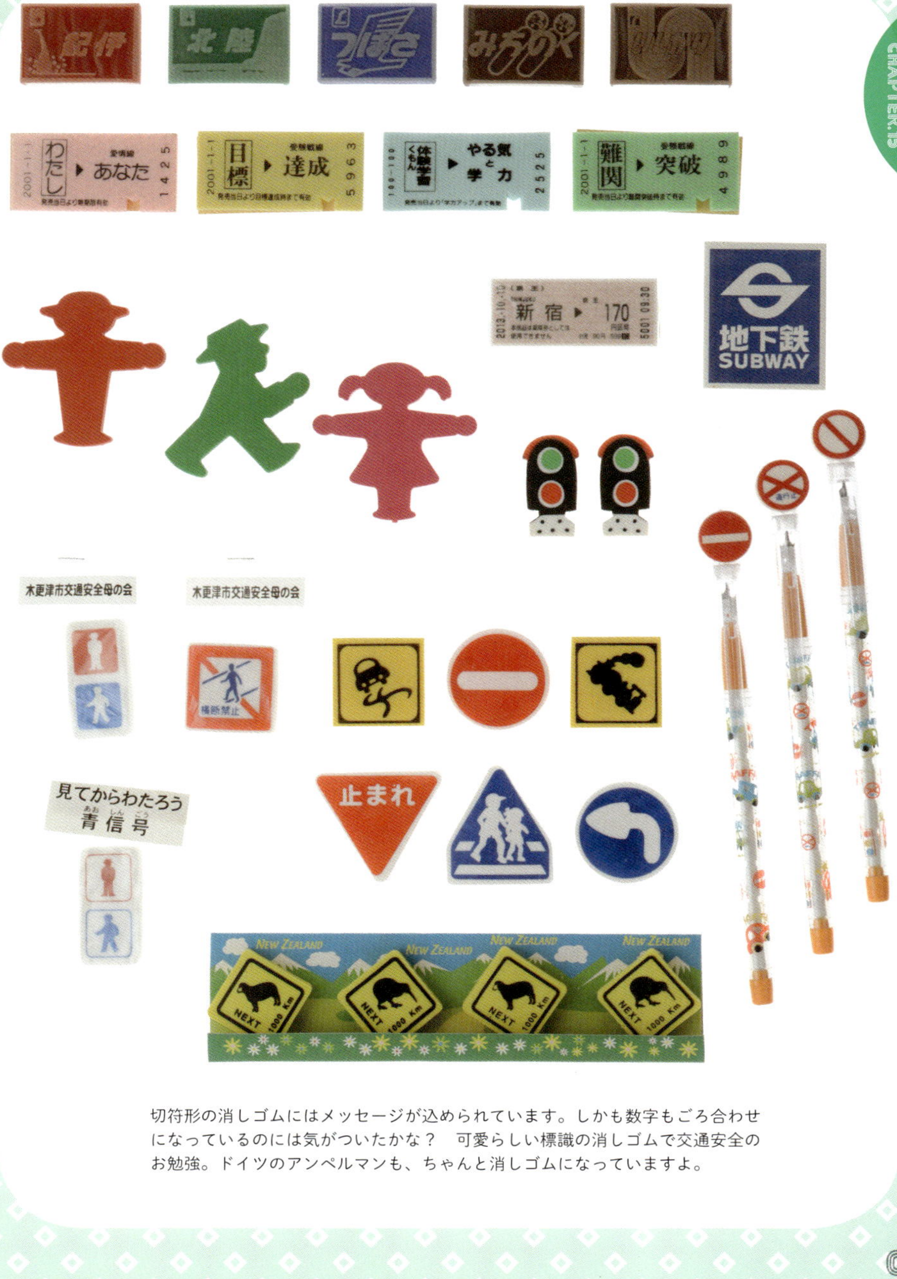

切符形の消しゴムにはメッセージが込められています。しかも数字もごろ合わせになっているのには気がついたかな？　可愛らしい標識の消しゴムで交通安全のお勉強。ドイツのアンペルマンも、ちゃんと消しゴムになっていますよ。

車

箱に入ったトミカ消しゴム。第1弾が10種類、第2弾は12種類。本物と見間違えるくらいの精巧さ。ミニカーを集めるように、消しゴムのトミカもたくさん集めたくなっちゃう。

CHAPTER.15 乗り物

タイヤ・工具

カーペンターコレクションの消しゴムは、よく見るとネジの形が違っています。この繊細さがたまりません。横浜ゴムさんの「ADVAN消しゴム」は表裏にそれぞれ違うタイヤパターンが再現されていて、それが「滑らない」と受験生に大人気。消しゴムは、いろんな意味で受験生の味方です。そして有名なフェラーリのタイヤ。消しゴムなら手が届くので、こちらは大人の味方かな。

オリンピック・国旗

本物そっくりにしようとしてシュールになっている競技消しゴムもあれば、可愛らしいマスコットの消しゴム、カラフルな国旗消しゴムなど、いろんなタイプがあるから集めるのがやめられない。2020年の東京オリンピックでは、一体どんな消しゴムがお目見えするのか楽しみ♪　消しゴムグッズが1つもない……なんてことがないといいな。

野球

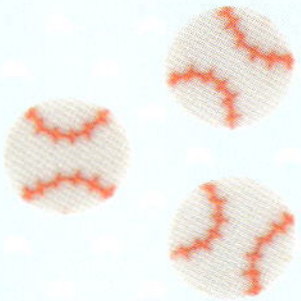

野球の消しゴムは種類がとっても豊富。そんな中でも懐かしいのは、転がして遊ぶ六角形消しゴム。これさえあれば、机の上でも野球が楽しめるのです。メガホンの消しゴムでいっぱい応援しよう。

スポーツ

バラしてまた組み立てて……コレクターじゃなくても、サッカーボールの消しゴムをパズルのように遊んだことがある人は多いのでは？　机の上でパター練習ができるゴルフセットもあれば、本物そっくりのゴルフボールもあります。

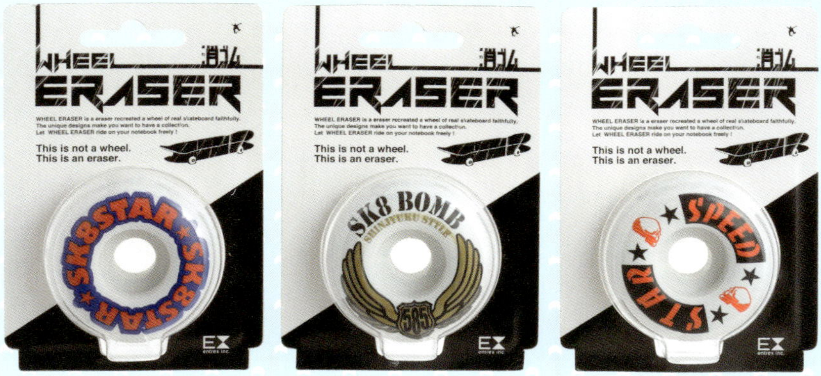
WHEEL 消ゴム
ERASER
WHEEL ERASER is a eraser recreated a wheel of real skateboard faithfully.
The unique designs make you want to have a collection.
Let WHEEL ERASER ride on your notebook freely !
This is not a wheel.
This is an eraser.
SK8STAR
EX
entrex inc.
WHEEL 消ゴム
ERASER
WHEEL ERASER is a eraser recreated a wheel of real skateboard faithfully.
The unique designs make you want to have a collection.
Let WHEEL ERASER ride on your notebook freely !
This is not a wheel.
This is an eraser.
SK8 BOMB
SHINJUKU STYLE
585
EX
entrex inc.
WHEEL 消ゴム
ERASER
WHEEL ERASER is a eraser recreated a wheel of real skateboard faithfully.
The unique designs make you want to have a collection.
Let WHEEL ERASER ride on your notebook freely !
This is not a wheel.
This is an eraser.
SPEED
STAR
EX
entrex inc.

いろんなスポーツ用品が消しゴムになっているのには、もう慣れてはいるけれど、さすがにスケボーのウィール部分の消しゴムを見たときは驚きでした。しかも本物と大きさがほぼ同じだなんて。実物が小さくなった消しゴムが好きだけど、こういう本物そっくりな消しゴムもとても魅力的です。

ブロック

CHAPTER.17 ゲーム・おもちゃ

消しゴムでブロック遊び。1つ1つのブロックパーツが消しゴムでできていて、組み立てて遊ぶことができます。レゴは後ろが3つの穴になっているものや穴のないものがあるので、組み立てることはできないけど、この形だけで何だかウキウキ。ラキューの消しゴムは非売品です。

パズル

いろんな形のパズル消しゴムは、見ていても遊んでも楽しい。でも使っちゃうとぴったりと合わせることはできなくなるから困っちゃう。そしてポストカードにご注目！　実はジグソーパズルなんです。ちゃんとピースごとにバラバラになるんですよ。これが消しゴムだから驚きです。

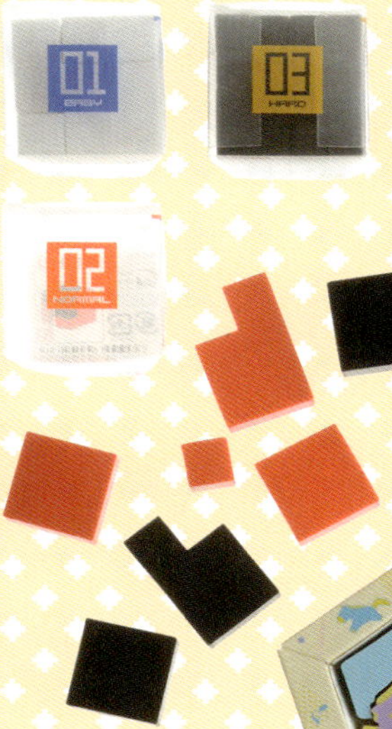

ゲーム

CHAPTER.17 ゲーム・おもちゃ

ファミコン世代にはたまらない。いや、それより前のアーケードゲーム世代にもたまらない、懐かしいゲームの消しゴムです。すぐにゲームオーバーになってしまう「スペランカー」や、ひたすらクレバスを飛び越える「けっきょく南極大冒険」、2人でやるとケンカになりかねない「アイスクライマー」など、ゲームのカセット消しゴムはこれ以外にも種類がたくさんあります。

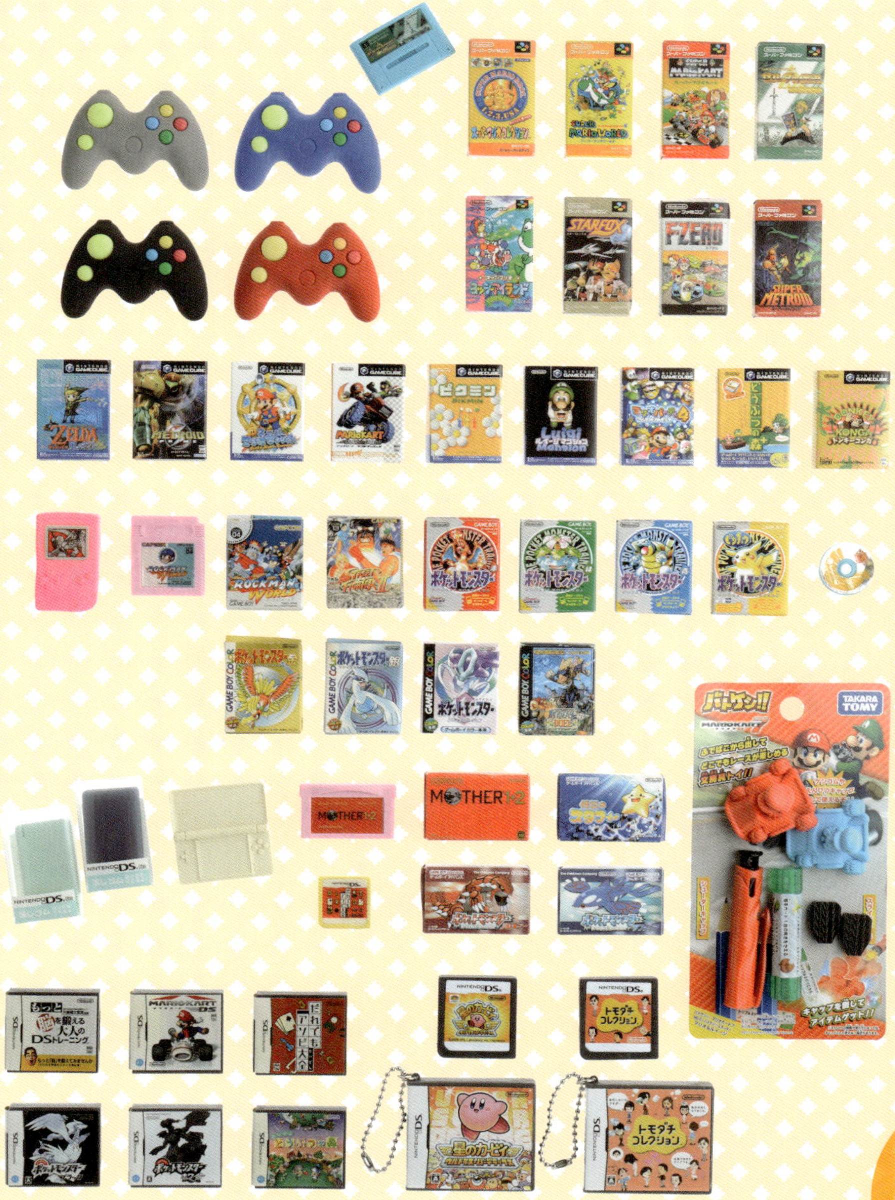

ゲーム消しゴムも時代を追っています。スーパーファミコン、ゲームキューブ、ゲームボーイにDS。コントローラーだって本体だって消しゴムです。これから先、新しいゲームが開発されたら、それも全部消しゴムになっていくといいな。

富士山

富士山の美しい風景が消しゴムで表現されています。2色が定番カラー。赤富士は2015年のお正月に東急ハンズのイベントにて、抽選で配られた非売品です。

ご当地

旅先での消しゴム探しは、コレクターにとっては欠かせない。昔はあちこちで消しゴムが売られていたものですが、最近では見つけることすら難しい……。あるとしたら四角いものやノック式のペンタイプのもの。昔はこんな可愛いご当地ならではの消しゴムが売られていました。特に「モザイク消しゴム」と呼ばれるシリーズが大好き。他にもまだ種類があるようですが、全部揃えるのはなかなか難しそうです。

昔あそび

懐かしい昔あそび。けん玉にヨーヨー、コマ、だるまおとし。お正月は、羽根突きに福笑い。福笑いの女性がちょっと怖いですけど（笑）。古き良き日本の文化が、消しゴムという他の文化によって伝えられています。さて駄菓子をつまんで、何で遊ぼうかな。

お祭り

祭り囃子が聞こえてきそうな、心ウキウキするお祭り消しゴム。
おいしそうなリンゴ飴に焼きトウモロコシ。たこ焼きに焼きそば。
お祭りって楽しいね♪　金魚すくいにヨーヨーつりもあります。

忍者・武器

ニンニン！　拙者は忍者でござる。シュッシュッ！　投げた手裏剣がきかないとは……なに？　これは消しゴムだったのか！　いや、拙者だって消しゴムなのだ。消えるのは得意でござる。これにてさらばじゃ。なーんて言っているとかいないとか。

縁起物

毎日の勉強に文房具は欠かせない。これが御守りになっていたら一石二鳥。すべて使いきるくらい勉強したら、合格まちがいなしですよ！

文字

ありとあらゆるものが消しゴムに。ほら、漢字だって消しゴムになってます。そしてその漢字を見てびっくり。身体の名称を消しゴムにするなんてありえな〜い。でもありえないようなことをさらりとやってのけるのが、消しゴムという世界の面白さ。

「かわゆい♥」「いいとも」なんて、懐かしい言葉もしっかり消しゴムに。昔、こういう文字にしたブローチが流行り、自分の名前で作ってもらったこともありました。ことわざの消しゴムは、文字ではなく内容を消しゴムに。こういう風に可愛らしくしちゃうところが、消しゴムらしい表現だなって思うのです。

ミュージアム

まさしくこれは憧れの消しゴムミュージアム！　でも5色のモナ・リザなんて、
何だかヘンテコ。さて、これらの消しゴムになった人たち、誰だかわかるかな？

エリザベス女王が英国の在位最長記録を更新。消しゴムになったエリザベス女王は、たたずまいもそのまま。14センチの大きさで、その存在感とオーラを出しています。赤、青、白のユニオンジャックカラーの3色です。

おまけ・ノベルティー

三菱鉛筆のシャープペンシルの芯を買うともらえた消しゴムのシリーズです。上段から横に1972年「ユニ坊主」、1979年「パクえもん」、1989年「どんどん消しゴム」、1990年「覆面のりダ！」、1993年「ツンツングリッパー」、1996年「かみつきばあちゃんイレバァ5」、1997年「ぐるぐるモンキーズ」、1998年「ぷらりんケロリンズ」。

ローラー・鉛筆キャップ消しゴム

消しゴムといえばこれも外せない。ローラー消しゴムを初めて買ったときにはうれしくて、とにかく消して、その消しカスを吸い取ってました。今でもローラー消しゴムはありますが、こんなに可愛いものはあまり見かけなくなりました。鉛筆キャップの消しゴムは、使うとすぐになくなっちゃうミニミニサイズ。袋のパッケージも今だとレトロに思えてしまいます。

まじめ消しゴム

まじめだけどなんだか可愛い、そしてかっこいい、メーカー100周年記念の限定品を集めてみました。シードのレーダーは販売店向けに作られた金ピカレーダー3サイズ（非売品）。ブラックレーダーは2015年9月に100周年限定レーダーとして発売されたものです。とにかく大きなレーダーは、金ピカになってさらに迫力満点!!　トンボ鉛筆は100周年限定カラーのMONOを発売。第1弾は10色、第2弾は5色発売しました。

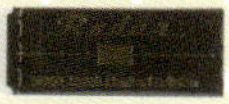

カドケシの形がとっても可愛くて、気がついたら集めていました。コクヨの100周年で発売された20色のカドケシ。カドケシ5周年で発売されたアニマル柄のスリーブも可愛いでしょ。さらにロングミリケシなんて！　この長さ！　まじめだけど、まじめじゃないところが好き。

サカモト

サカモトさんの商品は消しゴムコレクターの中でも人気です。ここではたくさんある商品の中から、特に人気で私も大好きな、ねこびんシリーズの一部をご紹介します。これは2007年にねこびん（駄菓子屋さんでよく見かけるびん）に入ってお店で売られていたシリーズです。びんに入った姿は、まるで駄菓子屋さんのようでした。

コレクターのセオリーということもあり、実は未開封のまま保存していました。しかし今回思い切って開封してみることに。開ける瞬間、震える指先とバクバク聞こえてきそうな心臓の音、そして鳥肌がたちそうになりながら、いざ開封。可愛い！　可愛すぎる!!　なぜ私は10年近くも開封してこなかったのだろう。実際手に取って、そう思ったコレクターの私でした。

サカモト

他にも載せきれない商品がたくさんありますが、やはりパッケージの良さと、本物そっくりな中身の消しゴムの可愛らしさがお気に入りです。こういう消しゴムは、とてもサカモトさんらしい感じがします。

こちらも人気のある、おやつマーケットの第1弾と第2弾です。チュッパチャプス形の消しゴムは、開けたらとってもいい香りがするオレンジ色の飴が登場！　バターとクリームチーズは銀紙に包まれているところがうれしい。これからもサカモトさんならではの新作消しゴムが楽しみです。

イワコー

おもしろ消しゴムの国内シェアNO.1のメーカー、イワコーさん。ここでは、今買える「ブリスターパック」を番号順に載せてみました。消しゴムを集めるきっかけとなったのがこの商品という人も多いのでは？　ここには単品では発売されていない消しゴムが入っているものもあり、さらに番号がふってあるので、ついつい集めたくなってしまいます。海外からの旅行客にも大人気なんですよ〜。

イワコー

イワコーさんの何がすごいって、ほぼ全てが消しゴムでできていて、しかもそれがパーツごとに分かれていて1つ1つ組み立てられるので、パズルのようにも遊べるところです。可愛いだけではなく精巧にできているから驚きです。そこに使う人たちへの愛情がたっぷり入っているのだから、子どもも大人も虜になっちゃう。

イワコー

憧れのイワコーさんの工場見学に行くことができ、関係者の方々と直接お話しすることができました。とてもアットホームな工場で、社長さんや工場長さんをはじめ、従業員みなさんの人柄がとても素敵でチャーミング！　だからイワコーさんの消しゴムはぬくもりがあるんですね。これからもずっと、子どもたちに喜ばれる消しゴムをたくさん作ってください。

最後はイワコーさんの東京スカイツリーと東武特急スペーシアの消しゴムです。第1弾はスカイツリーの高さにちなんで限定6340個発売。第2弾は総重量3万2000トンの鉄骨の部分にちなみ3万2000個発売。第3弾はスカイツリーの使用照明器具数1588台にちなみ、1万5880個を販売。第3弾までは東武伊勢崎線業平橋駅で個数限定発売でしたが、第4弾以降は東京ソラマチ・イーストヤードにある東部グループツーリストプラザにて購入できます。

COLUMN

消しゴムコレクションについて

10歳の頃、ヒノデワシの四角い香り付き消しゴムを「可愛い!!」と思って使わないで取っておいたことが、私の消しゴムコレクションのはじまりでした。子どもでもお小遣いで買える安い値段だったことや、親と一緒でなくても自分ひとりで買いに行ける環境に消しゴムがあったことも大きかったです。

こうして小学生の頃は、学校の横にある文房具屋さんやスーパーの文具売り場、サンリオショップなどで、お小遣いの範囲で買い集めていきました。当時はあまり行動範囲が広くなかったので、いろんな消しゴムを集めるというよりは、いつも行くお店に並んでいる消しゴムを見て可愛いものをどれか1つ買うという、子どもならではの買い方をしていました。

しかし高校生になったとき、せっかく集めたものを一部使ってしまうという「消しゴム反抗期」みたいなことが起きました。今、タイムマシーンがあるなら真っ先に止めに行きます！　お説教です（笑）!!　さらに結婚をきっかけにコレクションの大半を処分してしまいました。もともと陽があたりやすい部屋だったのでコレクションの劣化が激しかったり、新婚生活の新居では邪魔になってしまうと思ったのです。でも捨てきれなかったものは、1ケース分だけ持って行きました。しかしそんな行動をとったにもかかわらず、結婚してから数年後、楠田枝里子さんの本『消しゴム図鑑』（光琳社出版）に出会ってしまいました。自分が見たこともない消しゴムがたくさん載っている！　と背筋がゾクゾク、この瞬間から、消しゴムの世界が一気に広がっていきました。載っているものすべてを見てみたい！　集めたい！と思って現在に至ります。この本は今でも私のバイブル的存在です。その後、楠田さんのサイン本を購入し、そちらは保存用、最初に買ったものはコレクションのチェック用にと分けています。

「コレクションするうえで大変なことは？」とよく聞かれるのですが、やはり収納です。ケースには理想があるものの、残念ながら予算的に厳しく、昔、子どもの服を入れていた衣装ケースを代用したり、100円ショップで購入したケースの中に、自分なりのカテゴリーを決めて分類しています。中には消しゴムの性質上、劣化して溶けてしまうものや色あせてしまうものもあるので、なるべく陽にあたらないようにしています。また除湿剤などもあちこちに置いています。

でももっと大変なことが、収納ケースを置く場所と消しゴムの重さです。新居を建てるとき、天井の高さが110センチくらいのスペースを収納場所にしようと決めました。ところがそれでも増え続ける消しゴムに、ケースも増え、ついにはこのスペースだけでは収まりきらなくなってしまいました。これらの収納問題の解決をはかるのはもちろん、消しゴムと共存生活をしている家族のためにも、いつか完璧な空調管理がされている「消しゴムミュージアム」を建てることが私の夢です。これだけの消しゴムたちをぜひいろんな人たちに見てもらいたい、そして消しゴムの世界をもっと知ってほしいという気持ちがあります。主婦にとってはかなり大きな夢ですけれど……。

また、「消しゴムの魅力は？」ということもよく聞かれます。私はもともと可愛いものやミニチュアになった日用品が好きです。消しゴム以外にもそういう商品は山のようにありますので、いくつか買ったり集めたりしたこともありました。でも、消しゴムほどは夢中になれませんでした。「何で消しゴムなの？」とよく聞かれるのですが、その問いには「消しゴムだから！」と答えています。理屈とかではなく、一言で表すと率直にそういうことなんです。消しゴムを手にとると、なぜか心が満たされ、ウキウキワクワクするのです。消しゴムメーカーさんが子どもたちの笑顔のために一生懸命に作った想いが、手にした瞬間に、子どもの私にも素直に感じとれたのだと、大人になった今、思います。だからなのか、今でも消しゴムを手にとると童心に帰ってしまいます。消しゴムのことを話していると、よく「何だか小学生みたいだね」と言われますが、私にとっての消しゴムの一番の魅力は、「童心に帰ってワクワクドキドキできること」なのかもしれません。

ジャンルごとにカテゴリーを分け、収納ケースに入れて保存しています。

コレクション部屋の一部。写っていない部分にも、まだまだケースがたくさんあります。

撮影／きだてたく

AFTERWORD

あとがき

まずはじめに、この本を手に取ってくださり誠にありがとうございます。

これらの消しゴムは、いろいろな人とのつながりや縁で集まってきたものです。

出版社さんから「消しゴムコレクションの本を出しませんか？」というお話をいただいたときは本当に驚き、同時に飛び上がるほどの喜びと嬉しさでいっぱいでした。小学生の頃、たった1つの消しゴムを取っておこうと思ったことから増え続けたコレクション。ひとりで眺めてはこっそり楽しむだけの日々。誰かに見せようと思っても、一度にはなかなか見せることもできません。重くて持ち運ぶのも大変です。そんな消しゴムたちが、こうして1冊の本になったのです。普段は山積みのケースに入っているものを、こうして一覧で眺めることができるなんて、本ってなんて素晴らしいのでしょう！

そしてこの本では、いろいろな方にお世話になりました。1つでも多くの消しゴムを見てもらいたいという想いを、すべて汲み取ってくださったスモール出版の中村孝司さん。消しゴムをとても大切に可愛らしく撮ってくださったカメラマンの沼田学さん。とっても素敵にデザインしてくださったprigraphicsの清水肇さん。アシスタントで協力してくださったOちゃんとSちゃん。そしてずっと応援してくれている雑貨屋たんたんさん。私が子どもの頃にあった懐かしさを感じる雰囲気のお店で、実店舗は10周年を迎えています。普段はネットショップを利用していますが、たんたんさんで買うときは、なぜかいつもより消しゴムが可愛く見えてワクワクしちゃうのは、きっとそんな雰囲気が自分を今でも童心に帰らせてくれているからなのでしょう。昭和の時代にはたくさんあった、小さくても温かなお店は年々減少の一途をたどっていますが、これから先もずっとずっと存在していてほしい。
すべては消しゴムがつないでくれた出会い。「人との出会いは偶然ではない、必然なのだ」と、恩師から教わりました。そしてこの出会いは、消しゴムからのプレゼントだと思っています。我が家にあるすべての消しゴムに、ありがとう。